Recettes Instant Pot Magiques

75 recettes faciles à préparer et délicieuses à savourer !

ANNA GAINES

Tous les droits sont réservés. Aucune partie de cette publication ou de l'information qui y est contenue ne peut être citée ou reproduite sous quelque forme que ce soit, telle que l'impression, la numérisation, la photocopie ou autre, sans l'autorisation écrite préalable du détenteur des droits d'auteur.

Table des matières

Introduction 9
Petits-déjeuners..10
    Omelette au lard -------------------------------------- 11
    Œufs pochés -- 12
    Petit-déjeuner light ------------------------------------ 13
    Pâte à tartiner aux pommes -------------------------- 14
    Beurre de myrtilles ------------------------------------ 15
    Patates douces au lard -------------------------------- 16
    Petit-déjeuner à la courge de Gland ----------------- 17
    Boulettes de saucisses -------------------------------- 18
    Muffins aux myrtilles --------------------------------- 19
    Chorizo aux champignons --------------------------- 20
    Quiche aux trois viandes ----------------------------- 21
    Bol de quinoa à la vanille ---------------------------- 22
    Crêpe à la noix de coco ------------------------------- 23
    Avoine au chocolat noir ------------------------------ 24
    Avoine à la marmelade d'orange -------------------- 25
    Œufs à l'ail -- 26
    Œufs aux herbes de Provence ----------------------- 27
    Puding au riz brun ------------------------------------ 28
    Casserole de haricots rouges ------------------------ 29
Bouillons et collations..31
    Bouillon de poulet ------------------------------------ 32
    Bouillon de bœuf -------------------------------------- 33
    Bouillon de saumon ---------------------------------- 34
    Bouillon d'anchois ------------------------------------ 35
    Bouillon de pois chiches ----------------------------- 36
    Sauce Marinara -- 37

Sauce à l'ail -------- 38
Sauce aux canneberges -------- 39
Sauce bolognaise -------- 40
Tartinade d'artichauts au fromage -------- 41
Crevettes roulées -------- 42
Trempette aux canneberges -------- 43
Tartinade de fromage au cumin -------- 44
Salade de poulet aux épinards -------- 45
Ailes de poulet au parmesan -------- 46
Mini bouchées de saucisses -------- 47

Plats principaux **49**

Filet de poisson aux légumes -------- 50
Poisson aigre-doux -------- 51
Crevettes rapides -------- 52
Thon aux olives -------- 53
Truite à la ciboulette -------- 54
Moules à l'origan -------- 55
Cuisses de poulet aux haricots verts -------- 56
Poulet à l'ail -------- 57
Dinde au céleri -------- 58
Ragoût de bœuf -------- 59
Boulettes de viande -------- 60
Macaroni au chou-fleur -------- 61
Poivron farci au quinoa -------- 62
Pommes de terre rôties -------- 63
Asperges au fromage -------- 64
Ragoût de bœuf aux panais -------- 65
Ragoût de poulet aux épinards -------- 66
Ragoût d'agneau aux poivrons -------- 67
Ragoût de bœuf aux navets -------- 68

Ragoût de poulet au chou frisé 69
  Ragoût de crevette et de morue 70
Desserts **71**
  Framboises au citron 72
  Poires divines 73
  Marmelade de baies 74
  Délice d'orange 75
  Tarte à la courge 76
  Pudding d'hiver 77
  Dessert aux bananes 78
  Cake aux pommes 79
  Dessert à la vanille 80
  Dessert aux poires 81
  Confiture de citron 82
  Dessert spécial 83
  Dessert à la banane au citron 84
  Plat de fruits rafraîchissants 85
  Mousse au chocolat 86
  Risotto à la vanille 87
  Pudding aux pommes 88
  Pina Colada 89
  Poires à la cardamome 90
Conversion des unités de mesure **91**

Introduction

L'utilisation de l'Instant Pot vous fait gagner beaucoup de temps. Vous pouvez manger sainement à la maison, sans passer le temps que vous n'avez pas, à préparer et ensuite à cuisiner vos repas. Et cuisson rapide = économie d'énergie.

La cuisson avec votre Instant Pot est rapide et efficace. Vous réduisez votre facture d'électricité en cuisinant en moins de temps que sur la cuisinière ou dans le four.

Le but de ce livre est de vous aider à réaliser des recettes faciles et délicieuses en utilisant l'un des appareils de cuisine les plus populaires sur le marché actuellement : l'Instant Pot.

Avec l'Instant Pot, vous pouvez préparer tous types d'aliments parfaitement cuits. Vous pouvez ensuite les garder au chaud grâce à la minuterie programmable sur 24 heures. Cela vous évite d'utiliser une poêle pour faire dorer votre viande et d'avoir à en verser le jus.

Vous n'aurez pas besoin d'être à la maison pour le régler sur **Keep Warm** une fois le processus de cuisson terminé, car l'appareil se chargera de le faire tout seul. Vous pouvez rentrer à la maison pour obtenir un rôti parfaitement cuit, tendre et succulent, sans qu'il ne se désagrège en miettes.

Je partage avec vous les meilleures recettes du monde qui comprennent : les petits-déjeuners, les plats principaux, les ragoûts, les bouillons, les sauces, les collations et les desserts, etc.

Petits-déjeuners

Omelette au lard

Temps de préparation : 10 minutes
Temps de cuisson : 30 minutes
Portions : 6

Ingrédients

- 1½ tasse d'eau
- 4 oignons, hachés
- 180 g de lard haché
- ½ tasse de poivrons rouges et verts, hachés
- Une pincée de poivre noir
- 6 œufs
- ½ tasse de lait de coco
- Huile d'olive

Préparation

Dans un bol, mélangez les œufs avec une pincée de poivre noir et de lait de coco et fouettez bien.

Ajoutez les poivrons, le lard et les oignons mélangés et fouettez à nouveau.

Vaporisez un plat rond avec de l'huile d'olive en spray, versez le mélange d'œufs et étalez-le.

Mettez l'eau dans votre Instant Pot, placez le panier de cuisson à vapeur et le plat de cuisson à l'intérieur, couvrez et faites cuire au mode **High Pressure** pendant 30 minutes.

Laissez votre omelette refroidir un peu, coupez-la en tranches, répartissez-la dans les assiettes et servez.

Œufs pochés

Temps de préparation : 10 minutes
Temps de cuisson : 2 minutes
Portions : 3

Ingrédients

- Huile d'olive
- 3 cuillères à soupe de crème de noix de coco
- 1 cuillère à soupe de ciboulette, hachée
- 3 œufs
- 1 tasse d'eau
- Une pincée de sel et de poivre noir

Préparation

Enduisez 3 ramequins d'un peu d'huile d'olive et répartissez la crème de coco dans chacun d'eux.

Cassez un œuf dans chaque ramequin, assaisonnez d'une pincée de sel et de poivre et saupoudrez de ciboulette.

Mettez l'eau dans votre Instant Pot, placez le panier de cuisson à vapeur et placez les 3 ramequins à l'intérieur.

Couvrez l'Instant Pot et faites cuire au mode **High Pressure** pendant 2 minutes.

Répartissez les œufs pochés dans les assiettes et servez.

Petit-déjeuner light

Temps de préparation : 10 minutes
Temps de cuisson : 10 minutes
Portions : 4

Ingrédients

- 1 cuillère à soupe d'huile d'olive
- 2 oignons jaunes, hachés
- 6 courgettes, hachées
- 450 g de tomates cerises, coupées en deux
- 1 tasse d'eau
- 2 gousses d'ail, hachées
- Une pincée de sel et de poivre noir
- 1 botte de basilic, haché

Préparation

Mettez votre Instant Pot en mode **Sauté**, ajoutez l'huile et faites chauffer.

Ajoutez les oignons, les tomates, l'eau, les courgettes, l'ail, le sel et le poivre, remuez, couvrez et faites cuire au mode **High Pressure** pendant 5 minutes.

Saupoudrez de basilic, remuez doucement, répartissez dans les assiettes et servez au petit-déjeuner.

Pâte à tartiner aux pommes

Temps de préparation : 10 minutes
Temps de cuisson : 4 minutes
Portions : 10

Ingrédients

- Jus d'un citron
- 1 cuillère à café de piment de la Jamaïque
- 1 cuillère à café de clou de girofle moulu
- 1,3 kg de pommes, pelées, évidées et hachées
- 1 cuillère à soupe de cannelle moulue
- 1½ tasse d'eau
- ¼ cuillère à café de noix de muscade moulue
- 1 tasse de sirop d'érable

Préparation

Dans votre Instant Pot, mélangez les pommes avec de l'eau, du jus de citron, du piment de la Jamaïque, du clou de girofle, de la cannelle, du sirop d'érable et de la noix de muscade.

Remuez, couvrez et faites cuire au mode **High Pressure** pendant 4 minutes.

Mixez à l'aide d'un mixeur à immersion, versez dans de petits pots et servez au petit-déjeuner !

Beurre de myrtilles

Temps de préparation : 10 minutes
Temps de cuisson : 6 minutes
Portions : 12

Ingrédients

- 5 tasses de purée de myrtilles
- 2 cuillères à café de cannelle en poudre
- Zeste d'un citron
- 1 tasse de sucre de coco
- ½ cuillère à café de noix de muscade moulue
- ¼ cuillère à café de gingembre moulu

Préparation

Mettez la purée de myrtilles dans votre Instant Pot, couvrez et faites cuire au mode **High Pressure** pendant 3 minutes.

Ajoutez le sucre de coco, le gingembre, la noix de muscade et le zeste de citron, remuez, couvrez et faites cuire au mode **High Pressure** pendant 3 minutes de plus.

Remuez, transférez dans des bocaux, couvrez et servez au petit-déjeuner.

Patates douces au lard

Temps de préparation : 10 minutes
Temps de cuisson : 10 minutes
Portions : 4

Ingrédients

- ½ tasse de jus d'orange
- 4 tranches de lard, cuites et émiettées
- 1,8 kg de patates douces, tranchées
- 3 cuillères à soupe de sirop d'agave
- ½ cuillère à café de thym séché
- ½ cuillère à café de sauge, écrasée
- Une pincée de sel et de poivre noir
- 2 cuillères à soupe d'huile d'olive

Préparation

Mettez des tranches de patate douce, du jus d'orange, du sirop d'agave, du thym, de la sauge, du sel de mer, du poivre noir, de l'huile d'olive et du lard dans votre Instant Pot, couvrez et faites cuire au mode **High Pressure** pendant 10 minutes.

Transférez dans des assiettes et servez au petit-déjeuner !

Petit-déjeuner à la courge de Gland

Temps de préparation : 10 minutes
Temps de cuisson : 7 minutes
Portions : 4

Ingrédients

- ¼ tasse de raisins secs
- ¼ cuillère à café de cannelle en poudre
- 400 g de sauce aux canneberges, non sucrée
- 2 courges à glands, pelées et coupées en morceaux
- Une pincée de sel de mer
- Poivre noir au goût

Préparation

Dans votre Instant Pot, mélangez les morceaux de courge avec la sauce, les raisins secs, la cannelle, le sel et le poivre, remuez, couvrez et faites cuire au mode **High Pressure** pendant 7 minutes.

Répartissez dans des bols de taille moyenne et servez au petit-déjeuner.

Boulettes de saucisses

Temps de préparation : 10 minutes
Temps de cuisson : 12 minutes
Portions : 8

Ingrédients

- 2 œufs
- 1 cuillère à café de bicarbonate de soude
- 450 g de saucisse, boyaux enlevés et hachés
- ¼ tasse de farine d'amandes
- 1 tasse d'eau
- Poivre noir au goût
- 1 cuillère à café de paprika fumé

Préparation

Dans votre robot de cuisine, mixez la saucisse avec les œufs, le bicarbonate de soude, la farine, le poivre et le paprika, pulsez bien et formez des boulettes moyennes à partir de ce mélange.

Mettez l'eau dans votre Instant Pot, placez le panier de cuisson à vapeur, placez les boulettes à l'intérieur, couvrez et faites cuire au mode **High Pressure** pendant 12 minutes.

Répartissez dans les assiettes et servez au petit-déjeuner.

Muffins aux myrtilles

Temps de préparation : 10 minutes
Temps de cuisson : 20 minutes
Portions : 10

Ingrédients

- 1 tasse d'eau
- ½ cuillère à café de bicarbonate de soude
- 2½ tasses de farine d'amandes
- 1 cuillère à soupe d'extrait de vanille
- ¼ tasse d'huile de noix de coco
- ¼ tasse de lait de coco
- 2 œufs
- ¼ tasse de sirop d'érable
- 3 cuillères à soupe de cannelle moulue
- 1 tasse de myrtilles

Préparation

Dans un bol, mélangez la farine d'amandes avec le bicarbonate de soude, les œufs, l'huile, le lait de coco, la cannelle, le sirop d'érable, la vanille et les myrtilles, remuez le tout à l'aide de votre mixeur et répartissez le tout dans des moules à muffins.

Mettez l'eau dans votre Instant Pot, placez le panier de cuisson à vapeur, placez les moules à muffins à l'intérieur, couvrez et faites cuire au mode **High Pressure** pendant 20 minutes.

Répartissez les muffins dans les assiettes et servez-les au petit-déjeuner.

Chorizo aux champignons

Temps de préparation : 10 minutes
Temps de cuisson : 15 minutes
Portions : 2

Ingrédients

- 1 petit avocat, pelé, dénoyauté et haché
- ½ tasse de bouillon de bœuf
- 450 g de chorizo, haché
- 2 poivrons verts, hachés
- 1 tasse de chou frisé, haché
- 8 champignons, hachés
- ½ oignon jaune, haché
- 3 gousses d'ail, hachées
- ½ tasse de coriandre, hachée
- 4 tranches de lard, hachées
- 4 œufs

Préparation

Mettez votre Instant Pot en mode **Brown**, ajoutez du lard et du chorizo et faites cuire pendant quelques minutes. Ajoutez les oignons, les poivrons et l'ail, remuez et laissez cuire en mode **Sauté** pendant quelques minutes supplémentaires.

Ajoutez le bouillon, les champignons et le chou frisé et remuez. Faites des trous dans ce mélange, cassez un œuf dans chacun, couvrez et faites cuire au mode **High Pressure** pendant 3 minutes.

Répartissez ce mélange dans des assiettes, saupoudrez de coriandre et d'avocat et servez au petit-déjeuner.

Quiche aux trois viandes

Temps de préparation : 5 minutes
Temps de cuisson : 30 minutes
Portions : 4

Ingrédients

- 6 œufs, battus
- 1 tasse de saucisse hachée, cuite
- 4 tranches de lard, cuites et émiettées
- 2 oignons verts, hachés
- ½ tasse de lait
- 4 tranches de jambon, coupées en dés
- 1½ tasse d'eau
- 1 tasse de fromage cheddar, râpé
- Une pincée de sel et de poivre noir

Préparation

Posez un trépied et versez l'eau. Faites une écharpe avec du papier d'aluminium pour retirer le plat. Dans un bol, mélangez les œufs, le lait, le sel et le poivre. Mettez de côté.

Mélangez la saucisse, le fromage, le lard, le jambon et les oignons dans un plat de cuisson et versez le mélange d'œufs par-dessus. Placez le plat de cuisson à l'intérieur de votre Instant Pot.

Couvrez avec du papier d'aluminium et fermez le couvercle. Tournez dans le sens des aiguilles d'une montre pour fermer le couvercle et faites cuire en mode **Meat/Stew** pendant 30 minutes.

Quand il s'éteint, faites un relâchement rapide de la pression. Laissez refroidir avant de le couper en tranches et servez.

<u>Bol de quinoa à la vanille</u>

Temps de préparation : 3 minutes
Temps de cuisson : 12 minutes
Portions : 4

Ingrédients

- 1 tasse de quinoa
- 2 cuillères à soupe de sirop d'érable
- 1 cuillère à café d'extrait de vanille
- 1½ tasse d'eau
- Une pincée de sel

Préparation

Mettez tous les ingrédients dans votre Instant Pot. Remuez pour bien mélanger. Fermez le couvercle et tournez dans le sens des aiguilles d'une montre pour le fermer. Mettez en mode **Manual** et réglez la minuterie sur 12 minutes.

Une fois prêt, faites un relâchement rapide de la pression. Ouvrez le couvercle et faites-le glisser à l'aide d'une fourchette.

Versez dans des bols de service et garnissez-les de feuilles de menthe pour un goût frais en option.

Crêpe à la noix de coco

Temps de préparation : 5 minutes
Temps de cuisson : 20 minutes
Portions : 4

Ingrédients

- 1 tasse de farine de noix de coco
- 1 cuillère à café d'extrait de noix de coco
- 2 cuillères à soupe de miel
- 2 œufs
- 1½ tasse de lait de coco
- 1 tasse d'amandes moulues
- ½ cuillère à café de bicarbonate de soude

Préparation

Fouettez les œufs et le lait dans un bol. Mélangez les autres ingrédients progressivement, tout en fouettant constamment.

Vaporisez l'intérieur de votre Instant Pot avec un peu de spray de cuisson et versez la pâte à l'intérieur. Faites cuire au mode **Manual** pendant 20 minutes avec **High Pressure**.

Faites un relâchement rapide de la pression. Servez avec du sucre de ricin.

Avoine au chocolat noir

Temps de préparation : 3 minutes
Temps de cuisson : 12 minutes
Portions : 4

Ingrédients

- 3½ tasses d'eau
- ⅛ tasse de sucre de canne
- 1 tasse de flocons d'avoine concassés
- 3 cuillères à soupe de chocolat noir en grains
- 1 tasse de cerises surgelées, dénoyautées
- Une pincée de sel

Préparation

Mettez tous les ingrédients, sauf le chocolat, dans votre Instant Pot. Remuez bien pour bien mélanger, fermez le couvercle et faites cuire au mode **Manual** pendant 12 minutes avec **High Pressure**.

Faites un relâchement rapide de la pression, ajoutez les pépites de chocolat et servez.

Avoine à la marmelade d'orange

Temps de préparation : 5 minutes
Temps de cuisson : 6 minutes
Portions : 4

Ingrédients

- 2 tasses d'avoine à l'ancienne
- 2¼ tasses d'eau
- 2¼ tasses de lait
- ½ cuillère à café de sel
- ½ cuillère à café de cannelle moulue
- ¼ tasse de sucre
- 2 cuillères à soupe de yaourt grec nature
- 2 cuillères à soupe de marmelade d'orange

Préparation

Mettez tous les ingrédients dans votre Instant Pot. Fermez le couvercle et appuyez sur la touche **Manual**.

Réglez le temps de cuisson sur 6 minutes et faites cuire au mode **High Pressure**.

Après le bip sonore, relâchez la pression naturellement et retirez le couvercle.

Remuez les flocons d'avoine préparés et servez dans un bol.

Garnissez avec des tranches d'orange et de kiwi sur le dessus.

Œufs à l'ail

Temps de préparation : 5 minutes
Temps de cuisson : 15 minutes
Portions : 4

Ingrédients

- 1 cuillère à soupe d'huile d'olive
- 6 petites tomates
- 4 œufs
- 1 cuillère à café d'ail haché
- 1 cuillère à café de poudre de curcuma
- 1 oignon vert haché
- Sel et poivre au goût

Préparation

Tout d'abord, coupez les tomates en deux ou en trois ou quatre tranches. Mettez-les de côté.

Versez une cuillère à soupe d'huile d'olive dans votre Instant Pot et sélectionnez le mode **Sauté**. Ajoutez maintenant les tomates coupées en tranches avec leur côté coupé vers le bas.

Ajoutez l'ail haché et le curcuma en poudre dans le Pot. Ajoutez les 4 œufs et remuez-les à l'aide d'une spatule. Brouillez les œufs et mélangez-les bien avec l'ail, le curcuma, le sel et le poivre.

Après avoir fait cuire les œufs brouillés pendant 15 minutes en mode **Sauté**, appuyez sur **Cancel**.

Saupoudrez les oignons verts hachés sur le dessus et servez.

Œufs aux herbes de Provence

Temps de préparation : 5 minutes
Temps de cuisson : 10 minutes
Portions : 3

Ingrédients

- 3 œufs
- 1 tasse d'eau
- ½ petit oignon haché
- ½ tasse de jambon cuit ou de lard
- ¼ tasse de crème épaisse
- ½ tasse de feuilles de chou frisé hachées
- ½ tasse de fromage cheddar râpé
- ½ cuillère à café d'herbes de Provence
- Sel et poivre au goût

Préparation

Versez la tasse d'eau dans l'Instant Pot et placez le trépied à l'intérieur. Mettez tous les ingrédients dans un bol, sauf le fromage, et fouettez bien.

Prenez un récipient résistant à la chaleur et versez-y le mélange d'œufs. Placez le récipient au-dessus du trépied. Fermez le couvercle de la cocotte et appuyez sur la touche **Manual**. Réglez le temps de cuisson à 10 minutes et faites cuire au mode **High Pressure**.

Après le bip sonore, relâchez la pression naturellement et retirez le couvercle.

Saupoudrez le fromage râpé sur le dessus et servez chaud.

Puding au riz brun

Temps de préparation : 5 minutes
Temps de cuisson : 10 minutes
Portions : 2

Ingrédients

- 1 tasse de lait
- ¾ tasse d'eau
- ½ tasse de riz brun à grains courts
- ½ tasse de crème épaisse
- 2 cuillères à soupe de sirop d'érable
- Une pincée de sel
- 1 cuillère à café de cacao en poudre

Préparation

Mettez tous les ingrédients dans votre Instant Pot.

Fermez le couvercle et appuyez sur la touche **Manual**. Réglez le temps de cuisson sur 10 minutes et faites cuire au mode **High Pressure**.

Après le bip sonore, relâchez la pression naturellement et retirez le couvercle.

Remuez le puding préparé et servez dans un bol.

Garnissez avec la crème fouettée et le chocolat râpé.

Casserole de haricots rouges

Temps de préparation : 5 minutes
Temps de cuisson : 20 minutes
Portions : 3

Ingrédients

- 3 œufs
- 1 tasse d'eau
- ½ petit oignon haché
- ½ tasse de jambon cuit ou de lard
- ¼ tasse de crème épaisse
- ½ tasse de fromage cheddar râpé
- ½ tasse de haricots rouges bouillis
- Sel et poivre au goût

Préparation

Versez la tasse d'eau dans votre Instant Pot et placez le trépied à l'intérieur. Mettez tous les ingrédients dans un bol, sauf le fromage, et fouettez bien.

Prenez un récipient résistant à la chaleur et versez-y le mélange d'œufs. Placez le récipient sur le trépied. Fermez le couvercle et appuyez sur la touche **Manual**. Réglez le temps de cuisson à 20 minutes et faites cuire au mode **High Pressure**.

Après le bip sonore, relâchez la pression naturellement et retirez le couvercle.

Saupoudrez le fromage râpé sur le dessus et servez chaud.

Bouillons et collations

Bouillon de poulet

Temps de préparation : 5 minutes
Temps de cuisson : 60 minutes
Portions : 8

Ingrédients

- 1 kg de carcasse de poulet
- ½ cuillère à café de poivre noir entier
- 10 tasses d'eau
- 1 brin de persil frais
- 1 branche de céleri ; coupée en trois
- 1 petit oignon ; non pelé et coupé en deux
- 1 cuillère à café de laurier séché
- 1 cuillère à café de sel

Préparation

Versez l'eau dans l'Instant Pot. Ajoutez tous les ingrédients à l'eau. Fixez le couvercle. Tournez la poignée de relâchement de pression en position fermée.

Sélectionnez la fonction **Manual**. Réglez la pression sur **High Pressure** et réglez la minuterie sur 60 minutes.

Après le bip sonore, relâchez la pression naturellement et ouvrez le couvercle de l'Instant Pot.

Passez le bouillon préparé dans une passoire à mailles et jetez tous les solides, enlevez toutes les graisses de surface et servez chaud.

Bouillon de bœuf

Temps de préparation : 10 minutes
Temps de cuisson : 120 minutes
Portions : 10

Ingrédients

- 1,8 kg d'os à bouillon de bœuf
- 2 cuillères à soupe d'huile d'olive
- 1 cuillère à soupe de vinaigre de cidre de pomme
- 1 brin de persil frais
- 1 branche de céleri coupée en trois
- 1 petit oignon non pelé et coupé en deux
- 2 gousses d'ail hachées
- 1 cuillère à café de laurier séché
- ½ cuillère à café de poivre noir entier
- 1 cuillère à café de sel

Préparation

Enduisez une plaque de cuisson avec de l'huile d'olive et placez-y les os de bœuf. Faites rôtir les os pendant 30 minutes dans un four à 200 °C. Retournez les os et faites-les rôtir pendant 20 minutes supplémentaires.

Remplissez l'Instant Pot avec de l'eau jusqu'à un centimètre en dessous de la ligne maximale. Mettez tous les ingrédients, y compris les os de bœuf rôtis, dans l'eau. Fermez le couvercle. Tournez la poignée de relâchement de pression en position fermée. Sélectionnez la fonction **Manual** ; réglez la pression sur **High Pressure** et ajustez la minuterie sur 75 minutes.

Après le bip sonore, relâchez la pression naturellement et ouvrez le couvercle de l'Instant Pot. Passez le bouillon préparé dans une passoire à mailles et jetez tous les solides, enlevez toutes les graisses de surface et servez chaud.

Bouillon de saumon

Temps de préparation : 10 minutes
Temps de cuisson : 60 minutes
Portions : 6

Ingrédients

- 2 têtes de saumon
- 6 tasses d'eau froide
- 1 tasse de vin blanc
- 1 carotte coupée en dés
- 1 feuille de laurier
- 3 brins de thym frais
- 1 petit oignon coupé en quartiers
- 2 gousses d'ail
- 5 grains de poivre

Préparation

Mettez l'huile et les têtes de saumon dans l'Instant Pot et faites-les cuire en mode **Sauté** pendant 5 minutes.

Versez l'eau dans l'Instant Pot. Ajoutez tous les autres ingrédients à l'eau. Fermez le couvercle de l'Instant Pot et tournez la poignée de relâchement de pression en position fermée. Sélectionnez la fonction **Manual** ; réglez la pression sur **High Pressure** et ajustez la minuterie sur 48 minutes.

Après le bip sonore, relâchez la pression naturellement et ouvrez le couvercle de l'Instant Pot.

Passez le bouillon préparé dans une passoire à mailles et jetez tous les solides, enlevez toutes les graisses de surface et servez chaud.

Bouillon d'anchois

Temps de préparation : 5 minutes
Temps de cuisson : 20 minutes
Portions : 8

Ingrédients

- 60 g d'anchois séchés
- ½ cuillère à café de poivre noir entier
- 8 tasses d'eau
- 1 branche de céleri coupée en trois
- 6 petits morceaux kombu
- 1 cuillère à café de sel

Préparation

Versez l'eau dans l'Instant Pot. Mettez tous les ingrédients dans l'eau. Fermez le couvercle de l'Instant Pot et tournez la poignée de relâchement de pression en position fermée.

Sélectionnez la fonction **Manual**. Réglez la pression sur **High Pressure** et réglez la minuterie sur 20 minutes.

Après le bip sonore, relâchez la pression naturellement et ouvrez le couvercle de l'Instant Pot.

Passez le bouillon préparé dans une passoire à mailles a et jetez tous les solides, enlevez toutes les graisses de surface et servez chaud.

Bouillon de pois chiches

Temps de préparation : 5 minutes
Temps de cuisson : 30 minutes
Portions : 8

Ingrédients

- 1 tasse de carottes coupées en dés
- 2 tasses de pois chiches rincés et égouttés
- ½ cuillère à café de vinaigre de cidre de pomme
- 1 cuillère à soupe de feuilles de thym
- ½ cuillère à café de flocons de piment rouge
- ½ tasse d'oignons verts hachés
- 1 cuillère à café de laurier séché
- 8 tasses d'eau
- 1 cuillère à café de sel

Préparation

Versez l'eau dans l'Instant Pot. Mettez tous les ingrédients dans l'eau. Fermez le couvercle de l'Instant Pot et tournez la poignée de relâchement de pression en position fermée.

Sélectionnez la fonction **Manual**. Réglez la pression sur **High Pressure** et réglez la minuterie sur 20 minutes.

Après le bip sonore, relâchez la pression naturellement et ouvrez le couvercle de l'Instant Pot.

Passez le bouillon préparé dans une passoire à mailles et jetez tous les solides, puis servez chaud.

Sauce Marinara

Temps de préparation : 5 minutes
Temps de cuisson : 26 minutes
Portions : 6

Ingrédients

- 2 gousses d'ail hachées
- 2 petits oignons hachés
- 2 carottes coupées en dés
- 4 boîtes de tomates en dés
- 2 cuillères à soupe de beurre non salé
- 4 cuillères à soupe d'huile d'olive
- 3 cuillères à café de basilic séché
- 3 cuillères à café d'origan séché
- Persil frais
- 1½ cuillère à café de sel

Préparation

Versez l'huile dans l'Instant Pot et sélectionnez la fonction **Sauté**. Mettez tous les légumes dans l'huile et faites-les sauter pendant 5 minutes. Mettez maintenant tous les autres ingrédients, à l'exception du beurre et du poivre noir, dans l'Instant Pot. Fermez le couvercle de l'Instant Pot et tournez la poignée de relâchement de pression en position fermée. Sélectionnez la fonction **Manual**, réglez la pression sur **High Pressure** et réglez la minuterie sur 10 minutes.

Après le bip sonore, relâchez la pression rapidement et ouvrez le couvercle de l'Instant Pot. Utilisez un mixeur à immersion pour mixer la sauce en une pâte lisse. Ajoutez le beurre et le poivre noir et faites cuire pendant 1 minute sur la fonction **Sauté**. Remuez bien et servez avec des pâtes.

Sauce à l'ail

Temps de préparation : 5 minutes
Temps de cuisson : 3 minutes
Portions : 2

Ingrédients

- 1 tasse d'eau
- 4 cuillères à soupe d'ail haché
- 2 cuillères à soupe de persil frais haché
- 4 cuillères à soupe de fécule de maïs
- 2 cuillères à café de poudre d'ail
- 4 tasses de crème épaisse
- Sel et poivre au goût

Préparation

Mettez la moitié de l'eau, de l'ail, de la poudre d'ail, de la crème, du sel et du poivre dans l'Instant Pot. Fermez le couvercle de l'Instant Pot et tournez la poignée de relâchement de pression en position fermée.

Sélectionnez la fonction **Manual**, réglez la pression sur **High Pressure** et ajustez la minuterie sur 3 minutes.

Après le bip sonore, relâchez la pression rapidement et ouvrez le couvercle de l'Instant Pot.

Mélangez la fécule de maïs avec le reste de l'eau. Ajoutez cette bouillie à la sauce à l'ail, incorporez le persil et servez.

Sauce aux canneberges

Temps de préparation : 3 minutes
Temps de cuisson : 5 minutes
Portions : 30

Ingrédients

- 350 g de canneberges
- ½ cuillère à café de zeste d'orange
- 1 tasse de sucre
- 1 tasse de jus d'orange

Préparation

Mettez tous les ingrédients dans l'Instant Pot et remuez bien. Fermez le couvercle et faites cuire au mode **High Pressure** pendant 5 minutes.

Relâchez la pression en utilisant la méthode de relâchement rapide puis ouvrez le couvercle.

Laissez refroidir complètement puis conservez.

Sauce bolognaise

Temps de préparation : 3 minutes
Temps de cuisson : 8 minutes
Portions : 4

Ingrédients

- 450 g de bœuf haché
- 1½ cuillère à café d'ail haché
- 3 cuillères à soupe de persil frais, haché
- 400 g de sauce marinara

Préparation

Mettez tous les ingrédients dans l'Instant Pot et remuez bien. Fermez le couvercle et faites cuire au mode **High Pressure** pendant 8 minutes.

Relâchez la pression en utilisant la méthode de relâchement rapide puis ouvrez le couvercle.

Remuez bien et servez.

Tartinade d'artichauts au fromage

Temps de préparation : 5 minutes
Temps de cuisson : 8 minutes
Portions : 8

Ingrédients

- 500 g de cœurs d'artichauts en conserve, égouttés
- 200 g de fromage à la crème
- 400 g de fromage cheddar, râpé
- ½ tasse de bouillon de poulet
- ½ tasse de crème de noix de coco
- Une pincée de sel et de poivre noir
- 3 gousses d'ail, hachées
- 1 cuillère à café de poudre de chili

Préparation

Dans votre Instant Pot, mélangez les artichauts avec le bouillon, l'ail, la poudre de chili, le sel et le poivre, mettez le couvercle et faites cuire au mode **High Pressure** pendant 8 minutes.

Relâchez la pression naturellement, transférez le mélange dans un robot ménager, ajoutez les autres ingrédients, mixez bien, répartissez dans des bols et servez.

Crevettes roulées

Temps de préparation : 5 minutes
Temps de cuisson : 6 minutes
Portions : 4

Ingrédients

- 450 g de crevettes, décortiquées et déveinées
- 1 tasse de sauce tomate
- Quelques gouttes d'huile d'olive
- 200 g de tranches de lard
- 1 cuillère à café de poudre de chili
- Une pincée de sel et de poivre noir

Préparation

Dans un bol, mélangez les crevettes avec l'huile, le sel, le poivre et la poudre de chili et remuez.

Mettez l'Instant Pot en mode **Sauté**, ajoutez les crevettes et faites-les cuire pendant 2 minutes.

Transférez les crevettes dans un bol, laissez-les refroidir et enveloppez-les des tranches de lard.

Mettez la sauce tomate dans votre Instant Pot, placez les crevettes roulées à l'intérieur, mettez le couvercle et faites cuire au mode **High Pressure** pendant 4 minutes.

Relâchez rapidement la pression, disposez les crevettes sur un plateau et servez.

Trempette aux canneberges

Temps de préparation : 5 minutes
Temps de cuisson : 15 minutes
Portions : 4

Ingrédients

- 2½ cuillères à café de zeste de citron
- 1 cuillère à café de poudre de chili
- 1 cuillère à café de paprika doux
- 350 g de canneberges
- ¼ tasse de jus d'orange

Préparation

Dans votre Instant Pot, mélangez tous les ingrédients, mettez le couvercle et faites cuire au mode **High Pressure** pendant 15 minutes.

Relâchez rapidement la pression, mixez le mélange à l'aide d'un mixeur à immersion, répartissez dans des bols et servez comme trempette.

Tartinade de fromage au cumin

Temps de préparation : 5 minutes
Temps de cuisson : 8 minutes
Portions : 4

Ingrédients

- 1 cuillère à café d'huile d'olive
- 1 oignon rouge, haché
- 2 oignons, hachés
- 1 tasse de fromage à la crème
- 2 cuillères à café de cumin moulu
- ¼ cuillère à café de flocons de piment rouge
- Une pincée de sel et de poivre noir
- 1 tasse d'eau

Préparation

Dans un bol, mélangez le fromage à la crème avec les oignons et le reste des ingrédients sauf l'eau, fouettez bien et mettez le tout dans un ramequin.

Versez l'eau dans votre Instant Pot, placez ensuite le trépied et mettez le ramequin dessus.

Mettez le couvercle, faites cuire au mode **Low Pressure** pendant 8 minutes.

Relâchez la pression rapidement et servez la tartinade tout de suite.

Salade de poulet aux épinards

Temps de préparation : 10 minutes
Temps de cuisson : 15 minutes
Portions : 4

Ingrédients

- 450 g de blanc de poulet, coupé en cubes
- 1 avocat, dénoyauté, pelé et coupé en cubes
- 2 cuillères à soupe de yaourt grec
- 2 cuillères à soupe de mayonnaise
- 2 oignons, hachés
- 1½ tasse de bébé épinards
- 1 tasse de bouillon de poulet
- Une pincée de sel et de poivre noir

Préparation

Dans votre Instant Pot, mélangez le poulet avec le sel, le poivre et le bouillon, mettez le couvercle et faites cuire au mode **High Pressure** pendant 15 minutes.

Relâchez la pression naturellement, égouttez le poulet, transférez-le dans un bol, ajoutez le reste des ingrédients, mélangez, répartissez dans de petits bols et servez comme amuse-bouche.

Ailes de poulet au parmesan

Temps de préparation : 5 minutes
Temps de cuisson : 14 minutes
Portions : 12

Ingrédients

- 1,8 kg d'ailes de poulet coupées en sections
- ½ tasse de beurre
- 1 cuillère à soupe d'assaisonnement italien
- ½ cuillère à café d'oignon en poudre
- ½ cuillère à café d'ail en poudre
- 1 cuillère à café de paprika
- ½ cuillère à café de sel
- ½ cuillère à café de poivre noir moulu
- 1 tasse de fromage râpé
- 2 œufs, légèrement fouettés

Préparation

Mettez dans votre Instant Pot les ailes de poulet, le beurre, l'assaisonnement italien, l'oignon en poudre, l'ail en poudre, le paprika, le sel et le poivre noir.

Fermez le couvercle. Choisissez le mode **Poultry** et **High Pressure** et laissez cuire pendant 10 minutes. Une fois la cuisson terminée, utilisez un relâchement naturel de pression puis retirez le couvercle avec précaution.

Mélangez le fromage avec les œufs. Répartissez ce mélange sur les ailes. Fermez le couvercle et choisissez le mode **Manual** et **High Pressure** puis prolongez la cuisson de 4 minutes. Une fois la cuisson terminée, utilisez un relâchement rapide de pression puis retirez le couvercle et servez.

Mini bouchées de saucisses

Temps de préparation : 5 minutes
Temps de cuisson : 20 minutes
Portions : 10

Ingrédients

- 900 g de saucisses Kielbasa, coupées en tranches
- 1 tasse de sauce barbecue
- ½ tasse d'eau

Préparation

Placez tous les ingrédients dans votre Instant Pot et mélangez-les pour obtenir un mélange homogène. Fermez le couvercle et placez la soupape de pression en position fermée.

Sélectionnez le mode **Manual** et faites cuire sous **High Pressure** pendant environ 5 minutes.

Sélectionnez **Cancel** et faites un relâchement de pression naturel, puis retirez le couvercle et transférez le mélange dans un bol de service.

Laissez reposer pendant environ 10 à 15 minutes avant de servir.

Plats principaux

Filet de poisson aux légumes

Temps de préparation : 5 minutes
Temps de cuisson : 28 minutes
Portions : 2

Ingrédients

- 2 filets de poisson
- 1 poivron, coupé en lanières
- ½ oignon, coupé en tranches
- 1 carotte, coupée en tranches
- 1 courgette, coupée en tranches
- ¼ cuillère à café de basilic
- 4 cuillères à soupe d'huile d'olive
- ¼ cuillère à café de sel

Préparation

Placez tous les légumes au centre d'un grand morceau de papier cuisson. Versez 2 cuillères d'huile sur les légumes. Placez les filets de poisson sur les légumes. Arrosez le reste de l'huile sur les filets de poisson. Assaisonnez les filets de poisson avec du basilic et du sel.

Pliez le papier cuisson sur les légumes et les filets de poisson et faites une pochette de papier cuisson. Versez une tasse et demie d'eau dans l'Instant Pot, puis placez le trépied dedans. Mettez la poche de filet de poisson au-dessus du trépied.

Fermez le couvercle et faites cuire au mode **High Pressure** pendant 28 minutes.

Relâchez la pression en utilisant la méthode de relâchement rapide puis ouvrez le couvercle. Servez et dégustez.

Poisson aigre-doux

Temps de préparation : 3 minutes
Temps de cuisson : 9 minutes
Portions : 3

Ingrédients

- 450 g de morceaux de poisson
- ½ cuillère à soupe de sucre
- 1 cuillère à soupe d'huile d'olive
- 1 cuillère à soupe de vinaigre
- 1 cuillère à soupe de sauce soja
- Sel et poivre

Préparation

Versez l'huile dans l'Instant Pot et mettez-le en mode **Sauté**. Incorporez les morceaux de poisson et laissez-les sauter pendant 3 minutes.

Ajoutez le reste des ingrédients et remuez bien pour bien mélanger. Fermez le couvercle et sélectionnez le mode **Manual** et **High Pressure** puis laissez cuire pendant 6 minutes.

Laissez la pression se relâcher naturellement puis ouvrez le couvercle.

Remuez bien et servez.

Crevettes rapides

Temps de préparation : 1 minute
Temps de cuisson : 1 minute
Portions : 6

Ingrédients

- 800 g de crevettes congelées, déveinées
- ½ tasse de vinaigre de cidre de pomme
- ½ tasse de bouillon de poulet

Préparation

Mettez tous les ingrédients dans l'Instant Pot et remuez bien.

Fermez le couvercle et faites cuire au mode **High Pressure** pendant 1 minute.

Relâchez la pression en utilisant la méthode de relâchement rapide puis ouvrez le couvercle.

Servez et dégustez.

Thon aux olives

Temps de préparation : 5 minutes
Temps de cuisson : 8 minutes
Portions : 4

Ingrédients

- 400 g de thon en conserve, égoutté
- 1 tasse d'olives noires dénoyautées
- 1 tasse de sauce tomate
- Une pincée de sel et de poivre noir
- 1 cuillère à soupe de ciboulette, hachée

Préparation

Dans votre Instant Pot, mélangez le thon avec le reste des ingrédients, mettez le couvercle et faites cuire au mode **High Pressure** pendant 8 minutes.

Relâchez la pression rapidement, puis répartissez le mélange dans des bols et servez.

Truite à la ciboulette

Temps de préparation : 5 minutes
Temps de cuisson : 12 minutes
Portions : 4

Ingrédients

- 4 filets de truite, désossés
- Jus et écorce d'un citron
- 2 cuillères à soupe de ciboulette, hachée
- Une pincée de sel et de poivre noir
- 1 cuillère à soupe d'huile d'olive
- 1 échalote, hachée

Préparation

Mettez l'Instant Pot en mode **Sauté**, ajoutez l'huile et faites-la chauffer, ajoutez l'échalote et laissez cuire pendant 2 minutes.

Ajoutez la truite et le reste des ingrédients, mettez le couvercle et faites cuire au mode **High Pressure** pendant 10 minutes.

Relâchez la pression rapidement, puis répartissez le mélange dans les assiettes et servez.

Moules à l'origan

Temps de préparation : 5 minutes
Temps de cuisson : 8 minutes
Portions : 4

Ingrédients

- 900 g de moules, nettoyées et frottées
- 2 cuillères à soupe d'huile d'avocat
- 1 échalote, hachée
- ½ cuillère à café de flocons de piment rouge
- 400 g de tomates, hachées
- 2 cuillères à café d'ail haché
- 2 cuillères à soupe d'origan, haché

Préparation

Mettez votre Instant Pot en mode **Sauté**, versez l'huile et faites-la chauffer, ajoutez l'échalote, l'ail et les flocons de piment, remuez et laissez cuire pendant 2 minutes.

Incorporez les moules et le reste des ingrédients, mettez le couvercle et faites cuire au mode **High Pressure** pendant 6 minutes.

Relâchez la pression naturellement, puis répartissez le mélange de moules dans des bols et servez.

Cuisses de poulet aux haricots verts

Temps de préparation : 8 minutes
Temps de cuisson : 20 minutes
Portions : 6

Ingrédients

- 900 g de cuisses de poulet
- 450 g de haricots verts
- 450 g de pommes de terre, pelées et coupées en deux
- Jus d'un citron
- 2 cuillères à soupe d'huile d'olive
- 1 cuillère à soupe de Ghee
- ½ tasse de bouillon de poulet
- 1 cuillère à café d'ail haché

Préparation

Réglez votre Instant Pot sur **Sauté** et faites fondre le ghee ainsi que l'huile d'olive. Ajoutez l'ail et laissez cuire pendant 1 minute.

Incorporez les cuisses de poulet et faites-les cuire de tous les côtés, jusqu'à ce qu'elles soient dorées. Ajoutez le jus de citron et faites cuire pendant une minute supplémentaire.

Incorporez le reste des ingrédients et remuez bien pour bien mélanger. Fermez le couvercle puis réglez l'Instant Pot sur **Manual** et laissez cuire pendant 15 minutes au mode **High Pressure**.

Relâchez la pression rapidement et servez.

Poulet à l'ail

Temps de préparation : 8 minutes
Temps de cuisson : 35 minutes
Portions : 4

Ingrédients

- 4 blancs de poulet, coupés en deux
- 3 cuillères à soupe d'huile de noix de coco
- 5 gousses d'ail, hachées
- Sel et poivre au goût
- 1½ tasse d'eau

Préparation

Appuyez sur le bouton **Sauté** de l'Instant Pot et faites chauffer l'huile de noix de coco. Faites sauter l'ail jusqu'à ce qu'il soit parfumé, puis ajoutez les blancs de poulet en remuant. Assaisonnez avec du sel et du poivre selon votre goût.

Remuez pendant 5 minutes puis versez l'eau.

Fermez le couvercle et appuyez sur le bouton **Manual** et réglez la minuterie sur 30 minutes.

Faites un relâchement de pression naturel et servez.

Dinde au céleri

Temps de préparation : 5 minutes
Temps de cuisson : 25 minutes
Portions : 6

Ingrédients

- 1,8 kg de blanc de dinde
- 1½ tasse de bouillon de poulet
- 2 cuillères de mélange pour soupe
- 1 tasse de céleri, coupé en dés

Préparation

Versez le bouillon de poulet dans l'Instant Pot. Mettez ensuite le céleri dans le bouillon.

Placez le trépied dans l'Instant Pot et mettez la dinde dessus, puis saupoudrez le mélange de soupe sur la dinde.

Fermez le couvercle et faites cuire au mode **High Pressure** pendant 25 minutes.

Laissez la pression se relâcher naturellement puis ouvrez le couvercle et servez.

Ragoût de bœuf

Temps de préparation : 5 minutes
Temps de cuisson : 30 minutes
Portions : 4

Ingrédients

- 1 kg de rôti de palette de bœuf désossé
- 1 tasse de bouillon de poulet
- ½ tasse de vinaigre balsamique
- 1 cuillère à soupe de sauce soja
- 1 cuillère à soupe de miel
- ½ cuillère à café de flocons de piment rouge
- 4 gousses d'ail, hachées

Préparation

Mettez tous les ingrédients dans l'Instant Pot et remuez bien. Fermez le couvercle et laissez cuire au mode **High Pressure** pendant 30 minutes.

Laissez la pression se relâcher naturellement puis ouvrez le couvercle et servez.

<u>Boulettes de viande</u>

Temps de préparation : 5 minutes
Temps de cuisson : 25 minutes
Portions : 2

Ingrédients

- 1 œuf
- ¼ tasse d'oignon, haché
- 350 g de porc haché
- ¾ cuillère à café de sucre brun
- ¼ tasse de lait de coco
- 1 cuillère à soupe de chapelure

Préparation

Dans un bol, combinez la viande, la chapelure et l'œuf. Faites de petites boulettes avec le mélange de viande.

Mettez le lait de coco et les boulettes de viande préparées dans votre Instant Pot. Ajoutez l'oignon et le sucre brun et remuez bien.

Fermez le couvercle et laissez cuire au mode **High Pressure** pendant 25 minutes.

Laissez la pression se relâcher naturellement puis ouvrez le couvercle.

Servez chaud.

Macaroni au chou-fleur

Temps de préparation : 5 minutes
Temps de cuisson : 9 minutes
Portions : 6

Ingrédients

- 2 tasses de fleurons de chou-fleur
- ¾ tasse de lait de coco
- 1 tasse de fromage cheddar râpé
- 200 g de macaroni au coude
- 2 tasses de fleurons de brocolis
- 3 tasses d'eau
- ½ cuillère à café de sel

Préparation

Mettez de l'eau, des macaronis, des choux-fleurs, des brocolis et du sel dans l'Instant Pot et remuez bien. Fermez le couvercle et laissez cuire au mode **High Pressure** pendant 4 minutes.

Relâchez la pression en utilisant la méthode de relâchement rapide puis ouvrez le couvercle.

Réglez l'Instant Pot sur le mode **Sauté**. Incorporez le fromage et le lait de coco. Remuez bien et laissez cuire pendant 5 minutes, puis servez.

Poivron farci au quinoa

Temps de préparation : 5 minutes
Temps de cuisson : 14 minutes
Portions : 4

Ingrédients

- 4 poivrons, coupés au sommet
- 1 tasse de haricots blancs, trempés toute la nuit
- 2 cuillères à soupe de poudre d'ail
- 3 tasses de bouillon de légumes
- 1 tasse de fromage, râpé
- 1 tasse de quinoa

Préparation

Mettez le bouillon de légumes, la poudre d'ail, le quinoa et les haricots dans l'Instant Pot. Fermez le couvercle et laissez cuire au mode **High Pressure** pendant 8 minutes.

Relâchez la pression en utilisant la méthode de relâchement rapide puis ouvrez le couvercle.

Remplissez le poivron avec le mélange de haricots et de quinoa et garnissez de fromage râpé.

Placez les poivrons farcis dans l'Instant Pot et faites-les cuire en mode **Sauté** pendant 6 minutes.

Servez et régalez-vous.

Pommes de terre rôties

Temps de préparation : 5 minutes
Temps de cuisson : 12 minutes
Portions : 4

Ingrédients

- 700 g de pommes de terre, coupées en quartiers
- 1 tasse de bouillon de légumes
- ¼ cuillère à café de paprika
- ¼ cuillère à café de poivre
- 1 cuillère à café de poudre d'ail
- ½ cuillère à café de poudre d'oignon
- 4 cuillères à soupe d'huile d'olive
- 1 cuillère à café de sel

Préparation

Mettez l'huile d'olive dans l'Instant Pot et mettez le Pot en mode **Sauté**. Ajoutez les pommes de terre et laissez-les cuire pendant 5 minutes.

Rajoutez le reste des ingrédients dans l'Instant Pot et mélangez bien. Fermez le couvercle et faites cuire au mode **High Pressure** pendant 6 minutes.

Relâchez la pression en utilisant la méthode de relâchement rapide puis ouvrez le couvercle et servez.

Asperges au fromage

Temps de préparation : 5 minutes
Temps de cuisson : 17 minutes
Portions : 4

Ingrédients

- 450 g d'asperges
- 200 g de fromage cheddar
- 1 tasse d'eau

Préparation

Versez l'eau dans votre Instant Pot. Coupez les extrémités des asperges. Coupez le fromage en suffisamment de lanières pour l'enrouler autour de chaque asperge.

Disposez les asperges enveloppées sur un panier de cuisson à vapeur. Placez le panier à l'intérieur de l'Instant Pot.

Fermez le couvercle, faites cuire au mode **Steam** et **High Pressure** pendant 4 minutes.

Lorsque la cuisson est terminée, appuyez sur **Cancel** puis relâchez rapidement la pression et servez chaud.

Ragoût de bœuf aux panais

Temps de préparation : 10 minutes
Temps de cuisson : 30 minutes
Portions : 4

Ingrédients

- 450 g de viande de ragoût de bœuf, coupée en cubes
- 2 cuillères à soupe d'huile d'olive
- Une pincée de sel et de poivre noir
- 100 g des panais, en tranches
- 4 gousses d'ail, hachées
- 2 tasses de bouillon de bœuf
- 1 cuillère à soupe de pâte de tomate
- Un bouquet de romarin, haché

Préparation

Mettez l'Instant Pot en mode **Sauté**, versez l'huile et faites-la chauffer, ajoutez la viande et l'ail et faites-les dorer pendant 5 minutes en remuant souvent.

Ajoutez les panais et le reste des ingrédients, mettez le couvercle et faites cuire au mode **High Pressure** pendant 25 minutes.

Relâchez la pression naturellement, puis répartissez le ragoût dans des bols et servez.

Ragoût de poulet aux épinards

Temps de préparation : 10 minutes
Temps de cuisson : 25 minutes
Portions : 4

Ingrédients

- 450 g de blanc de poulet, coupé en cubes
- 1 cuillère à soupe d'huile d'olive
- 1 oignon jaune, haché
- 2 tasses d'épinards, déchirés
- 1 tasse de bouillon de poulet
- ½ tasse de sauce tomate
- Sel et poivre noir au goût

Préparation

Mettez votre Instant Pot en mode **Sauté**, versez l'huile et faites-la chauffer, ajoutez l'oignon et le poulet et faites-les dorer pendant 5 minutes.

Ajoutez le reste des ingrédients, mettez le couvercle et faites cuire au mode **Low Pressure** pendant 20 minutes.

Relâchez la pression naturellement, puis répartissez le ragoût dans des bols et servez.

Ragoût d'agneau aux poivrons

Temps de préparation : 5 minutes
Temps de cuisson : 20 minutes
Portions : 4

Ingrédients

- 450 g d'épaule d'agneau, coupée en cubes
- 2 cuillères à soupe d'huile d'olive
- 1 oignon blanc, haché
- 2 gousses d'ail, hachées
- 300 g de poivrons, coupés en lanières
- 2 tasses de bouillon de bœuf
- Une pincée de sel et de poivre noir
- 1 cuillère à soupe de basilic séché
- 2 cuillères à soupe de thym haché

Préparation

Mettez votre Instant Pot en mode **Sauté**, versez l'huile et faites-la chauffer, ajoutez la viande, l'ail et l'oignon et faites-les sauter pendant 5 minutes.

Ajoutez le reste des ingrédients, mettez le couvercle et faites cuire au mode **High Pressure** pendant 15 minutes.

Relâchez la pression rapidement, puis répartissez le ragoût dans des bols et servez.

Ragoût de bœuf aux navets

Temps de préparation : 10 minutes
Temps de cuisson : 40 minutes
Portions : 6

Ingrédients

- 900 g de viande de ragoût de bœuf, coupée en cubes
- 2 tasses de bouillon de bœuf
- 3 gousses d'ail, hachées
- 1 tasse de sauce tomate
- Sel et poivre noir au goût
- 3 navets, coupés en quartiers

Préparation

Dans votre Instant Pot, mélangez tous les ingrédients, mettez le couvercle et faites cuire au mode **Low Pressure** pendant 40 minutes.

Relâchez la pression naturellement, puis répartissez le ragoût dans des bols et servez.

Ragoût de poulet au chou frisé

Temps de préparation : 10 minutes
Temps de cuisson : 20 minutes
Portions : 4

Ingrédients

- 450 g de blanc de poulet, coupé en cubes
- 2 tasses de chou frisé, déchiré
- ½ tasse de bouillon de poulet
- ½ tasse de sauce tomate
- Une pincée de sel et de poivre noir
- 1 cuillère à soupe de coriandre hachée

Préparation

Dans votre Instant Pot, mélangez tous les ingrédients, mettez le couvercle et faites cuire au mode **High Pressure** pendant 20 minutes.

Relâchez la pression naturellement, puis répartissez le ragoût dans des bols et servez.

Ragoût de crevette et de morue

Temps de préparation : 5 minutes
Temps de cuisson : 12 minutes
Portions : 4

Ingrédients

- 450 g de crevettes, décortiquées et déveinées
- 450 g de filets de morue, coupés en cubes
- 200 g de tomates en conserve, hachées
- ½ bouquet de persil haché
- ¼ tasse de bouillon de poisson

Préparation

Dans votre Instant Pot, mélangez tous les ingrédients, mettez le couvercle et faites cuire au mode **Low Pressure** pendant 12 minutes.

Relâchez rapidement la pression, puis répartissez le mélange dans des bols et servez.

Desserts

Framboises au citron

Temps de préparation : 3 minutes
Temps de cuisson : 5 minutes
Portions : 4

Ingrédients

- 3 cuillères à soupe de stévia
- 350 g de framboises
- 2 jaunes d'œufs
- 2 cuillères à soupe de jus de citron
- 2 cuillères à soupe de ghee

Préparation

Mettez des framboises dans votre Instant Pot, ajoutez du stévia et du jus de citron, remuez, couvrez et faites cuire au mode **High Pressure** pendant 2 minutes.

Passez le tout dans un bol, ajoutez les jaunes d'œuf, remuez bien et remettez dans votre Instant Pot.

Mettez l'Instant Pot en mode **Sauté** et **Low Pressure,** faites cuire pendant 2 minutes, ajoutez du ghee, remuez bien, transférez dans un récipient et servez froid.

<u>Poires divines</u>

Temps de préparation : 2 minutes
Temps de cuisson : 4 minutes
Portions : 12

Ingrédients

- 8 poires, évidées et coupées en quartiers
- 1 cuillère à café de cannelle en poudre
- 2 pommes, pelées, évidées et coupées en quartiers
- ¼ tasse de jus de pomme naturel

Préparation

Dans votre Instant Pot, mélangez les poires avec les pommes, la cannelle et le jus de pomme, remuez, couvrez et faites cuire au mode **High Pressure** pendant 4 minutes.

Mixez à l'aide d'un mixeur à immersion, répartissez dans de petits pots et servez froid.

Marmelade de baies

Temps de préparation : 3 minutes
Temps de cuisson : 10 minutes
Portions : 12

Ingrédients

- 450 g de canneberges
- 450 g de fraises
- 450 g de myrtilles
- 4 cuillères à soupe de stévia
- Zeste d'un citron
- Une pincée de sel
- 2 cuillères à soupe d'eau

Préparation

Dans votre Instant Pot, mélangez les fraises avec les canneberges, les myrtilles, le zeste de citron, le stévia et l'eau.

Remuez, couvrez et faites cuire au mode **High Pressure** pendant 10 minutes.

Répartissez dans des bocaux et servez froid.

Délice d'orange

Temps de préparation : 3 minutes
Temps de cuisson : 15 minutes
Portions : 8

Ingrédients

- Jus de 2 citrons
- 6 cuillères à soupe de stévia
- 450 g d'oranges, pelées et coupées en quartiers
- 2 tasses d'eau

Préparation

Dans votre Instant Pot, mélangez le jus de citron avec les quartiers d'orange, l'eau et le stévia, couvrez et faites cuire au mode **High Pressure** pendant 15 minutes.

Répartissez dans des bocaux et servez froid.

Tarte à la courge

Temps de préparation : 5 minutes
Temps de cuisson : 14 minutes
Portions : 8

Ingrédients

- 900 g de courge musquée, pelée et hachée
- 2 œufs
- 2 tasses d'eau
- 1 tasse de lait de coco
- 2 cuillères à soupe de miel
- 1 cuillère à café de cannelle en poudre
- ½ cuillère à café de gingembre en poudre
- ¼ cuillère à café de clous de girofle en poudre
- Pacanes hachées

Préparation

Mettez une tasse d'eau dans votre Instant Pot, placez le panier de cuisson à vapeur, ajoutez les morceaux de courge, couvrez, faites cuire au mode **High Pressure** pendant 4 minutes, égouttez, transférez-les dans un bol et écrasez-les.

Ajoutez le miel, le lait, les œufs, la cannelle, le gingembre et les clous de girofle, remuez bien et versez dans des ramequins.

Ajoutez le reste de l'eau dans votre Instant Pot, placez le panier de cuisson à vapeur, mettez les ramequins à l'intérieur, couvrez et faites cuire au mode **High Pressure** pendant 10 minutes.

Garnissez de noix de pécan hachées et servez.

Pudding d'hiver

Temps de préparation : 10 minutes
Temps de cuisson : 30 minutes
Portions : 4

Ingrédients

- 100 g de canneberges séchées, trempées pendant quelques heures et égouttées
- 2 tasses d'eau
- 100 g d'abricots, hachés
- 1 tasse de farine de noix de coco
- 3 cuillères à café de levure chimique
- 3 cuillères à soupe de stévia
- 1 cuillère à café de gingembre en poudre
- Une pincée de cannelle en poudre
- 15 cuillères à soupe de ghee
- 3 cuillères à soupe de sirop d'érable
- 4 œufs
- 1 carotte, râpée

Préparation

Dans un mixeur, mélangez la farine avec la levure chimique, le stévia, la cannelle et le gingembre et pulsez plusieurs fois. Ajoutez le ghee, le sirop d'érable, les œufs, les carottes, les canneberges et les abricots, remuez et étalez dans un moule à pudding graissé.

Versez l'eau dans votre Instant Pot, placez le panier de cuisson à vapeur, mettez le pudding à l'intérieur, couvrez et faites cuire au mode **High Pressure** pendant 30 minutes.

Laissez le pudding refroidir avant de le servir.

Dessert aux bananes

Temps de préparation : 10 minutes
Temps de cuisson : 30 minutes
Portions : 6

Ingrédients

- 2 cuillères à soupe de stévia
- ⅓ tasse de ghee
- 1 cuillère à café de vanille
- 1 œuf
- 2 bananes, écrasées
- 1 cuillère à café de levure chimique
- 1½ tasse de farine de noix de coco
- ½ cuillères à café de bicarbonate de soude
- ⅓ tasse de lait de coco
- 2 tasses d'eau

Préparation

Dans un bol, mélangez le lait, le stévia, le ghee, l'œuf, la vanille et les bananes et remuez le tout.

Dans un autre bol, mélangez la farine avec le sel, la levure chimique et la soude.

Mélangez les 2 mélanges, remuez bien et versez le tout dans un moule à cake graissé.

Versez l'eau dans votre Pot, placez le panier de cuisson à vapeur, posez le moule à cake à l'intérieur, couvrez et faites cuire au mode **High Pressure** pendant 30 minutes.

Laissez le cake refroidir, coupez-le en tranches et servez.

Cake aux pommes

Temps de préparation : 10 minutes
Temps de cuisson : 70 minutes
Portions : 6

Ingrédients

- 3 tasses de pommes, coupées en cubes
- 1 tasse d'eau
- 3 cuillères à soupe de stévia
- 1 cuillère à soupe de vanille
- 2 œufs
- 1 cuillère à soupe d'épices pour tarte aux pommes
- 2 tasses de farine de noix de coco
- 1 cuillère à soupe de levure chimique
- 1 cuillère à soupe de ghee

Préparation

Dans un bol, mélangez les œufs avec le ghee, l'épice à tarte aux pommes, la vanille, les pommes et le stévia et mixez le tout à l'aide de votre mixeur.

Dans un autre bol, mélangez la levure chimique avec la farine, remuez, ajoutez au mélange de pommes, remuez à nouveau et transférez dans un moule à cake.

Versez 1 tasse d'eau dans votre Instant Pot, placez le panier de cuisson à vapeur, posez le moule à cake à l'intérieur, couvrez et faites cuire au mode **High Pressure** pendant 70 minutes.

Laissez le cake refroidir, coupez-le en tranches et servez.

Dessert à la vanille

Temps de préparation : 10 minutes
Temps de cuisson : 10 minutes
Portions : 4

Ingrédients

- 1 tasse de lait d'amande
- 4 cuillères à soupe de farine de lin
- 2 cuillères à soupe de farine de noix de coco
- 2½ tasses d'eau
- 2 cuillères à soupe de stévia
- 1 cuillère à café de café espresso en poudre
- 2 cuillères à café d'extrait de vanille

Préparation

Dans votre Instant Pot, mélangez la farine de lin avec la farine, l'eau, le stévia, le lait et l'espresso en poudre, remuez, couvrez et faites cuire au mode **High Pressure** pendant 10 minutes.

Ajoutez l'extrait de vanille, remuez bien, laissez reposer pendant 5 minutes, répartissez dans des bols et servez avec de la crème de coco sur le dessus.

<u>Dessert aux poires</u>

Temps de préparation : 10 minutes
Temps de cuisson : 6 minutes
Portions : 4

Ingrédients

- 1 tasse d'eau
- 2 tasses de poire, pelée et coupée en cubes
- 2 tasses de lait de coco
- 1 cuillère à soupe de ghee
- ¼ tasses de stévia brune
- ½ cuillère à café de cannelle en poudre
- 4 cuillères à soupe de farine de lin
- ½ tasse de noix, hachées
- ½ tasse de raisins secs

Préparation

Dans un plat résistant à la chaleur, mélangez le lait avec le stévia, le ghee, la farine de lin, la cannelle, les raisins secs, les poires et les noix et remuez bien le tout.

Mettez l'eau dans votre Instant Pot, placez le panier de cuisson à vapeur, placez le plat résistant à la chaleur à l'intérieur, couvrez et faites cuire au mode **High Pressure** pendant 6 minutes.

Divisez ce délicieux dessert en petites tasses et servez froid.

Confiture de citron

Temps de préparation : 5 minutes
Temps de cuisson : 12 minutes
Portions : 8

Ingrédients

- 900 g de citrons, tranchés
- 2 tasses de dattes
- 1 tasse d'eau
- 1 cuillère à soupe de vinaigre

Préparation

Mettez les dattes dans votre mixeur, ajoutez de l'eau et pulsez bien.

Mettez des tranches de citron dans votre Instant Pot, ajoutez la pâte de dattes et le vinaigre, remuez, couvrez et faites cuire au mode **High Pressure** pendant 12 minutes.

Remuez, répartissez dans de petits pots et servez.

Dessert spécial

Temps de préparation : 5 minutes
Temps de cuisson : 20 minutes
Portions : 4

Ingrédients

- 3 tasses de thé rooibos
- 1 cuillère à soupe de cannelle moulue
- 2 tasses de riz de chou-fleur
- 2 pommes, coupées en dés
- 1 cuillère à café de clous de girofle moulus
- 1 cuillère à café de curcuma moulu
- Un peu de miel

Préparation

Mettez le riz chou-fleur dans votre Instant Pot, ajoutez le thé, remuez, couvrez et faites cuire au mode **High Pressure** pendant 10 minutes.

Ajoutez la cannelle, les pommes, le curcuma et les clous de girofle, remuez, couvrez et faites cuire au mode **High Pressure** pendant 10 minutes.

Répartissez dans des bols, versez un peu de miel sur le dessus et servez.

Dessert à la banane au citron

Temps de préparation : 5 minutes
Temps de cuisson : 30 minutes
Portions : 4

Ingrédients

- Jus de ½ citron
- 2 cuillères à soupe de stévia
- ⅓ tasse d'eau
- 1 cuillère à soupe d'huile de coco
- 4 bananes, pelées et coupées en tranches
- ½ cuillère à café de graines de cardamome

Préparation

Mettez les bananes, le stévia, l'eau, l'huile, le jus de citron et la cardamome dans votre Instant Pot, remuez un peu, couvrez et faites cuire au mode **High Pressure** pendant 30 minutes, en secouant l'Instant Pot de temps en temps.

Répartissez dans des bols et servez.

Plat de fruits rafraîchissants

Temps de préparation : 5 minutes
Temps de cuisson : 10 minutes
Portions : 4

Ingrédients

- 700 g de prunes, coupées en deux
- 2 cuillères à soupe de stévia
- 1 cuillère à soupe de cannelle en poudre
- 2 pommes, coupées en quartiers
- 2 cuillères à soupe de zeste de citron, râpé
- 2 cuillères à café de vinaigre balsamique
- 1 tasse d'eau chaude

Préparation

Mettez les prunes, l'eau, les pommes, le stévia, la cannelle, le zeste de citron et le vinaigre dans votre Instant Pot, couvrez et faites cuire au mode **High Pressure** pendant 10 minutes.

Remuez bien encore une fois, répartissez dans de petites tasses et servez froid.

Mousse au chocolat

Temps de préparation : 10 minutes
Temps de cuisson : 10 minutes
Portions : 6

Ingrédients

- 1 tasse de lait entier
- 1 tasse de crème épaisse
- 4 jaunes d'œufs, battus
- ⅓ tasse de sucre
- ¼ cuillère à café de noix de muscade râpée
- ¼ cuillère à café de cannelle moulue
- ¼ tasse de poudre de cacao non sucrée

Préparation

Dans une petite casserole, faites mijoter le lait et la crème.
Dans un plat à mélanger, mélangez bien les autres ingrédients.
Ajoutez ce mélange d'œufs au mélange de lait chaud.

Versez le mélange dans des ramequins.

Versez une tasse et demie d'eau dans votre l'Instant Pot. Placez une et une grille métallique au fond de l'Instant Pot puis posez vos ramequins sur la grille.

Fermez le couvercle. Choisissez le mode **Manual** et **High Pressure** ; faites cuire pendant 10 minutes.

Une fois la cuisson terminée, utilisez un relâchement de pression naturel ; retirez le couvercle avec précaution.
Servez bien frais !

Risotto à la vanille

Temps de préparation : 5 minutes
Temps de cuisson : 5 minutes
Portions : 4

Ingrédients

- 1 tasse de riz Arborio
- 1 tasse de lait de coco
- 2 tasses de lait d'amande non sucré
- ¼ tasse d'amandes tranchées
- 2 cuillères à café d'extrait de vanille
- ⅓ tasse de sucre

Préparation

Mettez les amandes et le lait de coco dans l'Instant Pot et remuez bien. Fermez le couvercle et faites cuire au mode **High Pressure** pendant 5 minutes.

Laisser la pression se relâcher naturellement.

Incorporez l'extrait de vanille et le sucre en remuant puis servez.

Pudding aux pommes

Temps de préparation : 5 minutes
Temps de cuisson : 15 minutes
Portions : 8

Ingrédients

- ¾ tasse de riz Arborio
- 1 cuillère à café de cannelle
- 1 bâton de cannelle
- 1 cuillère à café de vanille
- ¼ pomme, pelée et hachée
- 2 tiges de rhubarbe, hachées
- ½ tasse d'eau
- 1½ tasse de lait

Préparation

Mettez tous les ingrédients dans l'Instant Pot et remuez bien. Fermez le couvercle et laissez cuire en mode **Manual** pendant 15 minutes.

Relâchez la pression en utilisant la méthode de relâchement rapide puis ouvrez le couvercle.

Remuez bien et servez.

Pina Colada

Temps de préparation : 5 minutes
Temps de cuisson : 12 minutes
Portions : 8

Ingrédients

- 1 tasse de riz Arborio
- 1 cuillère à soupe de cannelle
- 150 g d'ananas en conserve, écrasé
- 150 g de lait de coco
- 1 tasse de lait concentré
- 1½ tasse d'eau

Préparation

Mettez le riz et l'eau dans l'Instant Pot et remuez bien.

Fermez le couvercle et faites cuire au mode **Low Pressure** pendant 12 minutes.

Relâchez la pression en utilisant la méthode de relâchement rapide puis ouvrez le couvercle.

Incorporez le reste des ingrédients et remuez bien puis servez.

Poires à la cardamome

Temps de préparation : 5 minutes
Temps de cuisson : 4 minutes
Portions : 2

Ingrédients

- 2 tasses de jus d'orange
- 4 poires, pelées, évidées et coupées en morceaux
- 5 cosses de cardamome
- 2 cuillères à soupe de stévia
- 1 bâtonnet de cannelle
- 1 petit morceau de gingembre, râpé

Préparation

Placez les poires, la cardamome, le jus d'orange, le stévia, la cannelle et le gingembre dans votre Instant Pot, couvrez et faites cuire au mode **High Pressure** pendant 4 minutes.

Répartissez dans de petits bols et servez froid.

Conversion des unités de mesure

Conversion de mesure liquide - tasse en millilitre	
1/8 cuilliere à thé =	0.5 ml
1/4 cuilliere à thé =	1.25 ml
1/2 cuilliere à thé =	2.5 ml
1 cuilliere à thé =	5 ml
1 1/2 cuilliere à thé =	7.5 ml
1/4 cuilliere à thé =	4 ml
1/2 cuilliere à thé =	7.5 ml
1 cuilliere à thé =	15 ml
1/8 tasse =	30 ml
1/4 tasse =	60 ml
1/3 tasse =	80 ml
3/8 tasse =	90 ml
1/2 tasse =	125 ml
5/8 tasse =	150 ml
2/3 tasse =	160 ml
3/4 tasse =	180 ml
7/8 tasse =	210 ml
1 tasse =	250 ml
1 1/4 tasse =	300 ml
1 1/2 tasse =	375 ml
1 3/4 tasse =	475 ml
2 tasse =	500 ml
3 tasses =	750 ml
4 tasse =	1000 ml = 1 litre
8 tasse =	2000 ml = 2 litre

Conversion souvent utilisée pour les recettes (Solide)

30 ml de beurre =	1/8 tasse
60 ml de beurre =	1/4 tasse
120 ml de beurre =	1/2 tasse
100 grammes de beurre =	1/4 tasse
200 grammes de beurre =	1/2 tasse
300 grammes de beurre =	3/4 tasse
62 ml de sucre =	1/4 tasse
125 ml de sucre =	1/2 tasse
250 ml de sucre =	1 tasse
40 grammes de sucre =	50 ml
60 grammes de sucre =	75 ml
80 grammes de sucre =	100 ml
250 ml de cassonade =	1 tasses
500 ml de cassonade =	2 tasses
5 ml de poudre a pate =	1 cuillere a the
1/4 tasse de margarine =	50 grammes
1/2 tasse de margarine =	100 grammes
3/4 tasse de margarine =	150 grammes
1 tasse de margarine =	200 grammes
1 cuillère a soupe de beurre =	15 grammes
1/2 tasse de beurre =	100 grammes
1 tasse de beurre =	200 grammes
1/2 tasse de farine =	58 grammes
1 tasse de farine =	115 grammes
2 tasse de farine =	230 grammes
1/2 tasse de sucre a glacer =	75 grammes
1 tasse de sucre a glacer =	150 grammes
1 1/3 tasse de flocon d'avoine =	100 grammes

www.ingramcontent.com/pod-product-compliance
Lightning Source LLC
Chambersburg PA
CBHW051537240526
45465CB00027B/599